七巧国奇遇记

各种各样的图形

贺 洁 薛 晨◎著 哐当哐当工作室◎绘

北京科学技术出版社

“这里是‘飞向七巧星球’宇宙飞船发射现场。探险鼠爷爷正在飞船操作间里做发射前的准备。”

飞船的操作台上有各式各样的按钮，长方形的、三角形的、正方形的、圆形的。

两个三角形按钮恰好组成了一个正方形的按钮。探险鼠爷爷按下这个按钮——发射！

谁也没注意到，飞船上一颗圆形螺丝钉松动了，那里固定着一个长方体。

探险鼠爷爷从天空中向下望去，地面上的一切都变了样。

探险鼠爷爷的家是一个长方体，从天空中只能看到屋顶，是一个红色的长方形。

正在直播这次“飞向七巧星球”探险活动的电视台的大楼是一个圆柱。从天空中也只能看到它的顶，是一个蓝色的椭圆形。

此刻，探险鼠爷爷还要拍一些照片，到时候向七巧星球上的居民展示在空中看到的他的家乡的样子。地面上的一切都变得很小很小。原本立体的物体从空中看都变成了纸上的平面图形。

地面上的鼠宝贝们也一直仰着脖子，看着飞船越来越高，越来越小，变得比蚂蚁还小，直到最后一点儿也看不到了。

“报道说 7 天后探险鼠爷爷就回来了。等爷爷回来，我们第一时间就去迎接他。”鼠宝贝们兴奋地讨论着。

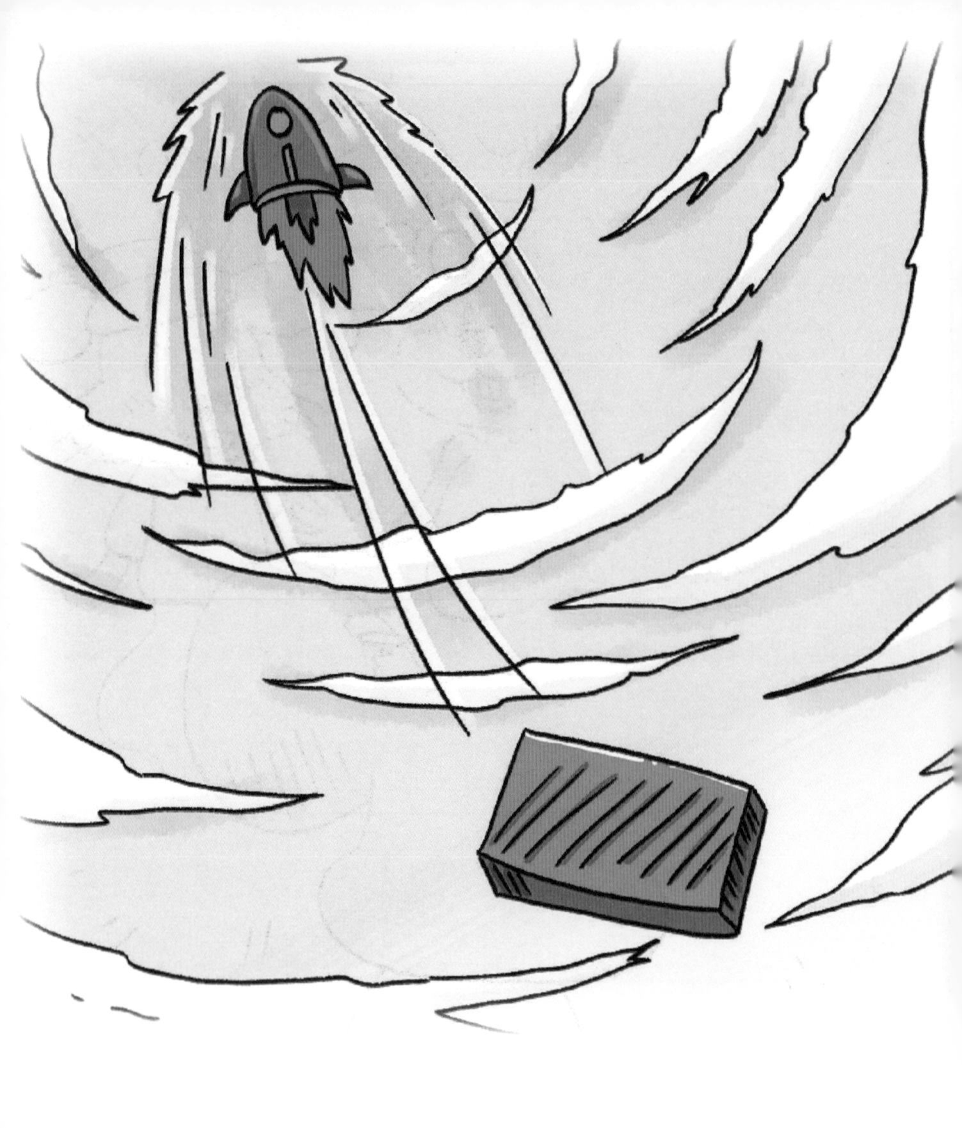

飞船升到某处，那颗松动的螺丝钉掉了下来，那个被固定着的长方体也从高空中落了下来。

“哐当！”正在办公室备课的鼠老师看到一个长方体从窗外划过，然后他听到了一声巨响。

不明物体不偏不倚，落在了操场的正中央，把操场砸出了一个大坑。

鼠老师从楼上往下看，只能看到物体的轮廓是一个长方形，看起来像个床垫。

“难道外星人睡觉也用床垫？床垫看起来是长方形的。不知道外星人是怎么描述形状的？”鼠老师自言自语。

没过几天，研究人员来学校把“床垫”带走了。鼠宝贝们觉得那个东西很眼熟。

7 天很快就过去了。这天晚上，探险鼠爷爷一从七巧星球返回，鼠宝贝们就来到探险鼠爷爷的家。

“七巧星球到底是什么样的呀！”鼠宝贝们好奇地问。

“七巧星球上有一个七巧国，七巧国里所有的东西都是用七巧板拼成的。”探险鼠爷爷一边说，一边拿出了给鼠宝贝们准备的礼物。

原来礼物就是七巧板。七巧板由 7 块板组成，包括 5 块三角形板、1 块正方形板和 1 块平行四边形板。

“在七巧星球上，所有的东西都是用七巧板拼成的。”探险鼠爷爷说着，用七巧板拼出了那里的交通工具。

在七巧星球上，探险鼠爷爷住在三角大街的 123 号旅馆，旅馆门前种着一排七巧松树。

每天早上，七巧稻草人给他送来信件。每天下午，七巧狐狸都会来找他玩。

探险鼠爷爷还乘坐着七巧帆船在海上乘风破浪，海里还有很多七巧鱼。

探险鼠爷爷告诉鼠宝贝们："等你们掌握了七巧板的奥秘，我就带你们去七巧星球。对了，这次我给七巧星球准备的礼物丢了，它是一个长方体，你们见过吗？"

七巧板真好玩

用七巧板拼一拼

用七巧板可以拼出故事中的图形。请你试一试还能拼出哪些图形？